FAUNE DE L'ALLIER

OU

CATALOGUE RAISONNÉ DES ANIMAUX SAUVAGES

Observés jusqu'à ce jour dans ce département

PAR

ERNEST OLIVIER

Directeur de la *Revue scientifique du Bourbonnais et du Centre de la France*,
Membre des Sociétés d'Agriculture et d'Émulation de l'Allier,
des Sociétés entomologiques de France, de Belgique, de Londres,
Membre correspondant de l'Académie d'Hippone, etc.

VOLUME II — ANNELÉS

DEUXIÈME PARTIE — **Orthoptères.**

MOULINS
IMPRIMERIE ETIENNE AUCLAIRE

1891

FAUNE DE L'ALLIER

EMBRANCHEMENT II. — ANNELÉS

SOUS-EMBRANCHEMENT I. — ARTICULÉS

Classe I. — Insectes.

ORDRE II. — ORTHOPTÈRES

Les Orthoptères sont des insectes ayant ordinairement quatre ailes, toutes membraneuses, les inférieures se plissant dans le sens longitudinal à la façon d'un éventail ; leur bouche est armée de fortes mandibules recourbées, bien disposées pour la mastication. Ils ne subissent que des demi-métamorphoses : les larves ainsi que les nymphes ne diffèrent des insectes à l'état parfait que par leur taille moindre et par les ailes qui leur font défaut. Tous sont terrestres et la plupart sont remarquables par l'extrême développement de leurs membres postérieurs qui leur permet d'exécuter des sauts étendus (1).

(1) Les Orthoptères de notre département n'avaient jusqu'à présent été le but d'aucunes recherches. Aussi il est probable que l'on pourra rencontrer quelques espèces qui ont échappé à mes explorations et qui n'auront pas été mentionnées. Je dois remercier M. H. du Buysson qui m'a communiqué la liste de ses captures aux bords de la Sioule et aux environs de Broût-Vernet, et le frère Héribaud, de Clermont-Ferrand, qui a bien voulu m'envoyer de nombreuses espèces récoltées dans plusieurs localités de l'Auvergne.

TABLEAU DES FAMILLES

1. — Jambes postérieures pas plus longues ou à peine plus longues que les autres, aptes seulement à la course 2
Jambes postérieures très allongées, aptes au saut. 4
2. —Tarses composés de trois articles. **I. Forficulides.**
Tarses composés de cinq articles. 3
3. — Corps ovalaire et déprimé ; tête cachée sous le pronotum qui est transversal. . **II. Blattides.**
Corps allongé, cylindrique ; tête découverte ; pronotum étroit, allongé. . . . **III. Mantides.**
4. —Antennes courtes ; tarses composés de trois articles. . . . . **IV. Acridides.**
Antennes longues, sétacées. 5
5. — Tarses de quatre articles . . . . **V. Locustides.**
Tarses de deux ou de trois articles. **VI. Gryllides.**

Famille I. FORFICULIDES

Les insectes de cette famille ont le corps allongé, déprimé, atténué ou parfois dilaté en arrière : le dernier anneau de l'abdomen est muni d'une *pince* formée de deux branches symétriques qui, chez le mâle, sont habituellement plus robustes et munies de tubercules ou dentelures. Les élytres sont beaucoup plus courtes que l'abdomen et recouvrent de longues ailes qui se referment d'abord à la façon d'un éventail, puis se replient deux fois en travers et en dessous et, à l'état complet de repos, dépassent un peu les élytres sous forme d'une petite écaille colorée. Cependant quelques espèces (*Chelidura*) n'ont que des élytres et des ailes abortives. Les pattes sont courtes et propres seulement à la course qui est assez rapide.

Les Forficulides redoutent la lumière et se trouvent sous les pierres, dans les fissures des arbres, sous les écorces, les excréments desséchés, les fruits gâtés, les amas de feuilles. Ils sont très voraces, se nourrissent de fruits, de légumes et de substances animales et végétales en putréfaction. Les petites espèces volent facilement, les grandes beaucoup plus rarement. On donne aux Forficulides le nom de *perce-oreilles* et le vulgaire croit que ces insectes, s'introduisant dans l'oreille des personnes endormies sur l'herbe, peuvent déterminer les plus graves accidents. Il est bien possible que le fait soit arrivé et qu'une forficule, pour se cacher, ait pénétré momentanément dans le conduit auditif d'un dormeur, mais elle n'a pu aller bien loin, et, arrêtée par la membrane du tympan, elle se sera pressée de ressortir. Cette dénomination viendrait plutôt de la forme de la pince qui termine son corps et qui ressemble au petit instrument dont les bijoutiers se servent pour percer les oreilles des enfants. Le genre *Forficula* de Linné, bien que très homogène, a été démembré en une foule d'autres qui ne servent qu'à charger la mémoire et à embrouiller la nomenclature. Nous ne les adoptons donc pas dans ce travail, nous contentant de les indiquer entre parenthèses et conservons l'appellation linnéenne pour les espèces de notre région que l'on peut différencier comme l'indique le tableau suivant :

Forficula.

1. — Antennes de 27-30 articles. . . . . *riparia.*
   Antennes de 10-15 articles. 2
2. — Deuxième article des tarses cylindrique. . . *minor.*
   Deuxième article des tarses cordiforme. . . 3
3. — Branches de la pince des mâles dilatées contiguës à leur base. . . . . *auricularia.*
   Branches de la pince des mâles cylindriques distantes à la base. 4
4. — Elytres libres plus longues que larges. . . . *albipennis.*
   Elytres fortement transverses, plus larges que longues, soudées avec le mésonotum. . . . *acanthopygia.*

Forficula riparia Pall. *gigantea* Fabr. (Labidura). — Sous les pierres, les galets aux bords de la Sioule près Broût-Vernet (du Buyss.), de l'Allier à Moulins, à Chemilly, de la Loire à Diou. A. R. Elle est adulte au mois d'août. Les larves sont blanchâtres. Notre département semble être la limite de l'habitat septentrional de cet insecte qui se trouve en grand nombre dans le midi de la France et en Algérie au bord de la mer et aux embouchures des cours d'eau sous les fucus, les amas de végétaux. C'est la plus grande forficule d'Europe. Le mâle est armé de longues pinces munies d'une dent interne ; celles de la femelle sont beaucoup plus courtes et n'ont que de légères dentelures.

F. minor L. (Labia). — Très commune dans les cours d'exploitation, les écuries, les fumiers, autour desquels on la voit voler en grand nombre le soir pendant toute la belle saison en compagnie des staphylins.

F. auricularia L. — C'est l'espèce désignée plus spécialement sous le nom de *perce-oreille*. Elle est extrêmement commune partout et se cache sous les abris les plus variés. Elle se rend quelquefois nuisible en dévorant dans les jardins les fruits, surtout ceux des espaliers.

F. albipennis Meg. (Chelidura). — Cette espèce généralement peu commune en France a été capturée en assez grand nombre par M. H. du Buysson, dans la forêt de Marcenat, en battant en automne des chênes encore feuillés.

F. acanthopygia Gen. — Rare. Forêt de Marcenat, avec la précédente (du Buyss.) ; forêt de la Madeleine.

Famille II. BLATTIDES

Les Orthoptères qui composent cette famille sont des insectes au corps mince, élargi, porté sur des pattes longues et grêles, très aptes à la course, mais non conformées pour le saut. Leur couleur est généralement brune ou fauve, parfois d'un jaune pâle. Plusieurs habitent nos maisons, où ils se cachent durant le jour sous les parquets, les boiseries, les fentes des murs et ne sortent que la nuit pour se mettre en quête de leur nourriture. Quelques uns sont véritablement cosmopolites : habitants des navires, ils suivent l'homme et débarquent avec lui sur tous les points du globe Les mâles sont presque toujours pourvus d'ailes et en font généralement usage, tandis que chez certaines espèces, les femelles en sont privées. Ces dernières sont très fécondes et pondent leurs œufs, non pas un par un, mais enfermés dans une oothèque, sorte d'enveloppe cornée, cylindrique, comprenant plusieurs séries de compartiments. La forme de cette oothèque est variable suivant les espèces ; la femelle la porte quelque temps attachée à son abdomen avant de s'en séparer. Les larves avant d'arriver à l'état parfait, subissent une série de mues dont le nombre n'est pas exactement déterminé mais dépasse cinq.

Les Blattides sont très voraces et se nourrissent de toutes sortes de débris végétaux ou animaux Le tableau suivant aidera à la détermination des espèces de notre région.

Blatta.

1. — Plaque sous-génitale des femelles large, plane ; nervure radiale des élytres garnie de ramifications simples 2
   Plaque sous-génitale des femelles munie de deux valvules à insertion articulée 5
2. — Plaque sur-anale arrondie. 3
   Plaque sur-anale triangulaire. . . . . **germanica.**
3. — Pronotum à disque brun ou noir avec les bords pâles. . . . . **lapponica.**
   Pronotum à disque testacé ou transparent . . . 4
4. — Taille petite. Couleur grise. Elytres tronquées chez les femelles . . . . **ericetorum.**
   Taille plus grande. Corselet et élytres pointillés de brun. Abdomen, varié de brun, plus court que les élytres dans les deux sexes. . . . . . **livida.**

5. — Elytres des mâles bien développées, mais tronquées au sommet ; celles des femelles latérales et lobiformes ; taille plus petite. . . . . **orientalis.**
Elytres bien développées dans les deux sexes ; taille grande. . . . . **americana.**

Blatta lapponica L. (Ectobia). — Dans les bois, sur les arbrisseaux touffus, les aubépines, les sorbiers en fleurs. les sapins, aussi sous les feuilles sèches. C. C. Se rencontre jusqu'aux gelées.

B. ericetorum Wesm. —A la fin de l'été, dans les clairières des bois, sur les grandes herbes et les bruyères, sur les fleurs du *Festuca cœrulea.* Je n'ai pas rencontré cette espèce qui doit très probablement se trouver dans notre région. Elle est signalée au Creusot (Saône-et-Loire) sur les buissons et les feuilles mortes, par M. Marchal.

B. livida Fabr. — Sur les arbres. aussi sous les mousses, les écorces, les amas de feuilles. C.

B. Germanica L. (Phyllodromia). — Un peu plus grande que la *Lapponica* dont on la reconnait aisément à son corselet orné de deux taches longitudinales brunes. Dans les bois, sous les feuilles humides. A. R. Forêt de Moladier. Cette espèce, qui ne craint pas le froid, vit et se reproduit dans les maisons des pays du nord comme l'*orientalis* chez nous ; on la rencontre aussi dans plusieurs restaurants de Paris.

B. orientalis L. (Periplaneta) Vulg. *Cafard, Blatte de cuisine, Bête noire.* — Dans les offices. les cuisines, les salles à manger. les magasins de farines et de comestibles. C. C. Essentiellement nocturne. cette blatte reste cachée pendant tout le jour sans que rien signale sa présence, et dès qu'il fait noir, elle sort de sa retraite pour chercher sa nourriture qui consiste en substances alimentaires de tous genres. Elles sont très agiles et on les voit s'enfuir de tous côtés avec une extrême rapidité quand on introduit brusquement une lumière dans un endroit où elles se sont répandues, se fiant à l'obscurité. Elles pullulent parfois dans les locaux qu'elles ont envahis et laissent après leur passage une odeur répugnante. Plusieurs systèmes de piège ont été imaginés pour en restreindre la multiplication. Elles redoutent l'odeur de la térébenthine et on les éloigne des appartements parquetés en mélangeant un peu de cette substance à la cire employée à frotter les parquets. Cette espèce ne se trouve jamais en rase campagne et on ne l'a observée que dans les maisons où règne en tout temps une température assez élevée qui lui est nécessaire pour se multiplier.

B. Americana L. Vulg *Kakerlac*, *Cancrelat*. — Cette grande espèce habite les vaisseaux et est répandue par toute la terre. Elle est fréquente dans les magasins et les dépôts des ports de mer, mais est très rare dans notre département où elle ne peut être introduite qu'accidentellement. C'est ainsi qu'elle a été capturée dans les serres du château du Vernet, où elle avait été apportée dans des caisses d'orchidées provenant du Brésil.

Famille III. MANTIDES

Les Mantides sont des insectes bizarres qui ont un facies particulier et facile à reconnaître. Ce sont des habitants des pays chauds ; abondants sous les tropiques, ils disparaissent à mesure que l'on s'avance vers les contrées septentrionales. On n'en trouve en France que six espèces confinées dans les régions du midi et dont une seule, la Mante religieuse, remonte jusque dans notre département.

Mantis L.

M. religiosa L. *Mante religieuse*, *Mante prie-Dieu*. — Avant que le marnage et le chaulage des terres fussent entrés dans la pratique habituelle, le département de l'Allier était couvert de vastes surfaces improductives où ne poussaient que des bruyères et des genêts. C'était là que l'on rencontrait de nombreuses mantes religieuses qui, par la singularité de leurs formes et de leurs allures, ont de tout temps attiré l'attention des habitants des campagnes. Avec les progrès de la culture, les champs de balai (*Sarothamnus scoparius*) sont devenus clairsemés et la Mante religieuse est aussi devenue rare. On en trouve de temps en temps un exemplaire aux environs de Moulins ; elle est moins rare dans l'arrondissement de Montluçon sur les coteaux arides des environs de cette ville et des bords du Cher ; M. du Buysson la signale encore dans les bois avoisinant Broût-Vernet. Ordinairement verte, on en rencontre dans les mêmes localités une variété d'un brun foncé. Les Mantes sont les seuls orthoptères qui ne soient pas nuisibles. Très carnassières, elles se nourrissent d'insectes dont elles font une grande consommation. En même temps qu'elle pond, la femelle dégorge une masse considérable de matière visqueuse dont elle entoure ses œufs et qu'elle fixe sur une tige d'arbuste ou sur une pierre. Cette oothèque d'un gris blanchâtre a la forme d'une calotte ovoïde. Les œufs qui sont pondus à l'automne n'éclosent qu'en juin suivant et les jeunes mantes mettent trois mois avant d'acquérir leur entier développement, de sorte qu'on ne rencontre guère d'adultes avant le mois de septembre ou les derniers jours d'août.

La Mante religieuse existe aussi dans le département du Puy-de-Dôme. J'en ai reçu des larves capturées par le frère Héribaud au mois d'août sur les pelouses des bords de l'Allier près Mirefleurs.

Famille IV. ACRIDIDES

La famille des Acridides ou Criquets comprend tous les orthoptères ayant les pattes propres au saut, dont les antennes sont plus courtes que le corps. Ils se nourrissent de végétaux et, en raison de leur grande multiplication, ils occasionnent parfois des dégâts considérables. Toutefois, il faut aller jusqu'en Algérie pour rencontrer des espèces réellement dévastatrices. Les criquets qui ravagent périodiquement notre colonie et tout le nord de l'Afrique appartiennent à deux espèces, l'une sédentaire, le *Stauronotus maroccanus* qui ne se rend nuisible que lorsque, certaines années, sa multiplication devient exagérée; l'autre, l'*Acridium peregrinum* qui vient du Sahara et poussé par le vent du Midi s'avance progressivement vers le Nord en détruisant toutes les cultures sur son passage. Bien des méthodes de destructions ont été proposées, des sommes énormes ont été dépensées dans le but d'arrêter la marche des criquets et aucun résultat n'a encore été obtenu. La lutte contre les insectes est la lutte contre l'infini, et l'homme sera toujours impuissant avec les moyens forcément limités dont il dispose, quand il cherchera à opposer une barrière à la marche de ce que l'on peut justement appeler un véritable fléau.

Les Acridides volent très bien. La chaleur leur est nécessaire ; aussi n'apparaissent-ils qu'au mois de juillet et on les rencontre jusqu'à l'époque des premières gelées, généralement jusqu'à la fin d'octobre. Presque tous périssent alors, après que les femelles ont pondu dans la terre de nombreux œufs à la forme allongée qui éclosent l'année suivante. Très peu hivernent dans un abri qu'ils ont su trouver assez efficace pour les préserver des intempéries de la mauvaise saison. Cependant, ce qui est l'exception pour les autres espèces, est la règle pour les Tetrix qui se réfugient à l'approche des frimas sous les mousses, les pierres, les écorces, les mottes de terres et en sortent au printemps dès que les premiers rayons du soleil viennent les réchauffer au fond de leur retraite.

Pendant les belles journées d'été, ces orthoptères font entendre un chant ou stridulation aiguë et prolongée qui est produit par le frottement de la partie supérieure des fémurs postérieurs sur la partie antérieure de l'élytre. Les mâles seuls sont doués de cette faculté ; les femelles sont muettes.

1. — Tarses sans pelotes entre les crochets. Pronotum prolongé en un long processus couvrant tout le corps. . . . . Tetrix.
Tarses munis d'une pelote entre les crochets. Pronotum non prolongé en arrière et ne recouvrant jamais tout le corps. 2
2. — Prosternum non mucroné. 3
Prosternum mucroné ou s'avançant en forme de cône. 10
3. — Front vertical. 4
Front fortement incliné vers le bas. 7
4. — Front distinctement muni d'une ligne saillante obtuse. Ailes de deux couleurs au moins. . 5
Ligne saillante du front presque nulle. Ailes uniformément bleuâtres. . . . . . . Sphingonotus.
5. — Carène médiane longitudinale du pronotum interrompue par un sillon transverse. . . . Œdipoda.
Carène médiane non interrompue par un sillon transverse. 6
6. — Fovéoles du vertex très petites, triangulaires. Coloration mêlée de vert et de brun. . . . Pachytylus.
Fovéoles du vertex nulles. Corps brun. . . . Psophus.
7. — Pronotum muni de carènes latérales bien nettement saillantes. . . . . Caloptenus.
Pronotum sans carènes latérales ou n'en offrant que des vestiges. 8
8. — Pronotum à carènes latérales à peine saillantes quoique distinctes. . . . . Mecostethus.
Pronotum à carènes latérales tout à fait nulles. 9
9. — Fovéoles frontales nulles. Pronotum cylindrique. . . . . Parapleurus.
Fovéoles frontales divergentes en dessus, oblongo-rhomboïdales. Pronotum rétréci en avant. . . . . Epacromia.
10. — Antennes filiformes. . . . . Stenobothrus.
Antennes renflées en massue. . . . . Gomphocerus.

Tetrix Latr.

Les Tetrix sont les plus petits des Acridides. Ils hivernent en très grand nombre enfoncés sous les mousses et dans les touffes de graminées. Aussi ce sont les premiers des Acridides que l'on rencontre au retour de la belle saison. Dès le mois de mars, lorsque les rayons du soleil viennent les réchauffer au fond de leur retraite, on les voit sauter sur l'herbe et voler le long des talus bien exposés au midi. On les trouve toute l'année jusqu'à la fin d'octobre, quand les gelées les obligent à chercher un abri contre les intempéries.

Prolongement du pronotum plus court ou pas plus long que l'abdomen. . . . . *bipunctata.*
Prolongement du pronotum dépassant beaucoup l'abdomen. . . . . *subulata.*

T. bipunctata L. — Dans les clairières des bois, les allées herbées. C. C.

T. subulata L. — Comme la précédente, préfère les localités plus humides. C.

Sphingonotus Fieb.

S. cœrulans L. — Cette espèce, remarquable par la couleur d'un bleu azuré de ses ailes, est excessivement abondante de juillet à septembre dans les localités sèches et arides, surtout aux bords des rivières où elle se tient de préférence sur les grèves les plus caillouteuses et les plus dénudées. Bords de l'Allier, de la Loire, de la Sioule, etc.

Œdipoda Latr.

Les Œdipoda affectionnent aussi les plaines sablonneuses, bien exposées au soleil. Ils sont avidement mangés par un grand nombre d'oiseaux : tous les gallinacés et particulièrement les dindons s'en montrent très friands.

Œ. cœrulescens L. Vulg. *Langoute.* — Couleur foncière des ailes, bleue. Champs, prairies sèches, vignes, bords des chemins, clairières des bois, jusque dans les rues des villes. De juillet à fin septembre. Extrêmement commune surtout dans les étés très chauds. C. aussi en Auvergne.

Œ. *miniata* Pall. — Couleur foncière des ailes, rouge. Semble localisée dans les vignobles. Août-septembre. A. R. Etroussat, Bayet, Broût-Vernet (du Buyss.), Saint-Pourçain, Louchy. Indiquée par erreur par M. Finot comme très commune aux Ramillons, où je ne l'ai jamais rencontrée.

Pachytylus Fieb.

Pronotum orné sur son disque de quatre petites lignes blanches disposées en ×, interrompues par la crête médiane. Taille plus petite. . . . . *nigro-fasciatus*.
Pronotum orné de chaque côté d'une bande brune longitudinale. Taille très grande. . . . . *cinerascens*.

P. nigro-fasciatus Deg. — Elytres variées de vert, de jaune et de brun ; tibias postérieurs rouges annelés de jaune à la base. Champs, guérets, prairies, grèves des rivières. C. Je l'ai reçue de Gergovia (Puy-de-Dôme).

P. cinerascens Fabr. — Un des plus gros orthoptères de notre région. Elytres mouchetées de taches brunes. Tibias postérieurs roux. Les mâles sont beaucoup plus petits que les femelles. Dans les friches, les guérets, les champs après la moisson, où il vole rapidement et très loin et est très difficile à saisir. A. C.

Psophus Fieb.

P. stridulus L. — Pelouses sèches, rochers dans les montagnes. Août, septembre. R. Laprugne, Montoncel.

Caloptenus Burm.

C. italicus L. — Un des orthoptères les plus communs. On le rencontre partout, dans les champs, les prairies naturelles et artificielles, les jeunes taillis, aux bords des routes et des rivières, etc. De juillet à octobre. Le mâle est beaucoup plus petit que la femelle ; la coloration est assez variable. Le pronotum est ordinairement d'un brun gris unicolore. Dans la var. *marginellus* également commune, il est orné latéralement de deux bandes blanches longitudinales. C'est l'espèce le plus souvent attaquée par les Entomophtorées. Certaines années, les *Œryngium* et les *Artemisia* qui croissent en grand nombre sur les bords de l'Allier sont couverts de *Caloptenus* tués par ce cryptogame et qui viennent mourir accrochés aux tiges de ces plantes. Cette épidémie ne sévit pas avec la même intensité tous les ans. Elle a été très forte en 1888 et les années suivantes je ne l'ai pas observée. Elle ne paraît pas, du reste, restreindre le nombre de ces orthoptères qui sont toujours extrêmement abondants. C. aussi en Auvergne.

Mecostethus Fieb.

M. grossus L. —Vert olive avec des lignes jaunes. Fémurs postérieurs verts en dessus, rouges en dessous avec le sommet noir. Tibias postérieurs flaves avec deux rangées d'aiguillons noirs et souvent annelés de noir. Prairies marécageuses. Août-septembre. A. R. Moulins, Chemilly, Besson. Aussi au Mont-Dore et à Riom.

Parapleurus Fisch.

P. alliaceus Germ. —Fémurs postérieurs et tibias d'un vert bleuâtre.

Je mentionne cette espèce bien que je ne l'aie pas trouvée dans notre département, où des recherches plus minutieuses la feront certainement découvrir dans les prairies humides. Le Fr. Héribaud me l'a envoyée des marais de Cœur près Riom (Puy-de-Dôme). Elle est signalée au Creusot (Saône-et-Loire) par M. Marchal.

Epacromia Fisch.

E. thalassina Fabr. — Les mâles sont bruns, les femelles vertes. Elytres mélangées de vert, de roux et de brun. Tibias postérieurs rouges, à base jaune. Localités incultes voisines des eaux. A. C. Bords de la Sioule (du Buyss.), de l'Allier, de la Loire, etc.

Stenobothrus Fisch.

Les Stenobothrus se rencontrent depuis le milieu du mois de juin jusqu'aux premières gelées. Ils fourmillent dans toutes les prairies, sur le bord herbé des chemins et jusque sur les plus petites pelouses. Pendant toutes les chaudes journées et même pendant les nuits où la température reste élevée, les mâles font entendre une stridulation intermittente dont le son, variable chez chaque espèce, peut être noté en musique Cette sorte de chant résulte, comme nous l'avons déjà dit, du frottement des fémurs postérieurs sur les élytres. Malgré leur grand nombre, ces petits orthoptères ne peuvent pas être considérés comme réellement nuisibles : les quelques brins de graminées qu'ils rongent pour se nourrir n'occasionnent pas une perte appréciable. Tous les oiseaux en font du reste une grande consommation. J'ai trouvé dans l'intestin de plusieurs *Stenobothrus elegans* provenant des marais de Cœur près Riom, un *Gordius* ou *Dragonneau*, helminthe parasite de l'ordre des Nématodes, aussi ténu qu'un crin de cheval et ayant jusqu'à 10 centimètres de long. Les *Gordius* subissent des métamorphoses : leurs œufs sont déposés dans l'eau, et dès leur naissance, à l'état d'embryon, ils pénètrent dans le corps des larves aquatiques où ils s'enkystent aussitôt. Les insectes carnassiers qui vivent dans l'eau ou sur les bords avalent ces formes enkystées avec les larves qui les contiennent et les jeunes *Gordius* se développent dans leur cavité viscérale en s'enroulant en spirale à mesure qu'ils grandissent Parvenus à l'état parfait, ils traversent l'intestin et le corps de leur hôte et reviennent dans l'eau, leur milieu normal, où ils s'occupent de se reproduire. La présence de ces Nématodes dans l'intestin des *Stenobothrus* serait donc une preuve que ces orthoptères ne se contentent pas d'une nourriture végétale, mais qu'ils sont aussi carnassiers. Les diverses espèces se ressemblent toutes beaucoup et leur étude est très difficile. Le tableau suivant que nous avons extrait de l'important ouvrage de M. Finot sur les orthoptères de France, pourra aider à leur détermination.

1. — Valvules de l'oviscapte dentées extérieurement. 2
Valvules de l'oviscapte n'étant pas dentées extérieurement. 3

2. — Elytres dépassant l'abdomen, ornées d'une tache blanche oblique ; taille plus grande. . *lineatus.*
Elytres n'atteignant pas le sommet de l'abdomen, sans tache blanche ; taille plus petite. . . . . *stigmaticus.*

3. — Champ médiastine des élytres (1) s'étendant bien au delà du milieu de leur bord marginal. 4
Champ médiastine des élytres dépassant rarement le milieu de leur bord marginal. 6

4. — Vertex muni d'une petite carène apicale médiane ; élytres sans taches. . . . . *viridulus.*
Vertex sans carène ; élytres ordinairement maculées. 5

5. — Vert noirâtre ; une petite bande blanche oblique au tiers postérieur des élytres ; abdomen noir à la base, rouge au sommet. . . . . *rufipes.*
Brun testacé ; élytres avec une ligne longitudinale blanche ; abdomen jaune, jamais rouge. *petræus.*

6. — Carènes latérales du pronotum anguleuses avant le sillon transversal, divergentes après lui ; élytres rarement vertes, ordinairement d'un gris brun. 7
Carènes latérales du pronotum droites ou légèrement flexueuses avant le sillon transversal, parallèles ou peu divergentes après lui ; élytres ordinairement vertes. 9

7. — Pattes antérieures et poitrine très velues. . . . 8
Pattes antérieures et poitrine peu velues. . . . *vagans.*

8. — Elytres du mâle peu dilatées, à bord antérieur légèrement arqué et non avancé en avant. . *bicolor.*
Elytres du mâle très dilatées, à bord antérieur arqué et avancé en avant. . . . . *biguttulus.*

9. — Ailes et élytres bien développées dans les deux sexes 10
Ailes et élytres plus ou moins abrégées dans les deux sexes. 12

---

(1) Le *champ médiastine* est la partie de l'élytre comprise entre le bord marginal et la première nervure longitudinale.

10. —	De chaque côté de la tête, derrière les yeux, une bande noirâtre qui se prolonge sur le pronotum le long des carènes latérales.	*pulvinatus.*
	Tête sans bande noire.	11
11. —	Carènes latérales du pronotum très droites ; pronotum plan en dessus.	*elegans.*
	Carènes latérales du pronotum un peu sinuées ; pronotum légèrement gibbeux en dessus. . .	*dorsatus.*
12. —	Pronotum à sillon typique placé au milieu. . .	*longicornis.*
	Pronotum à sillon typique placé après le milieu.	*parallelus.*

Stenobothrus lineatus Panz. — Dans les prairies sèches, les clairières des bois. A. C.

S. stigmaticus Ramb. — Prairies, lieux herbeux. Peu C. Broût-Vernet (du Buyss.). Aussi au Mont-Dore et en Saône-et-Loire (Finot).

S. viridulus L. — Prairies des montagnes. R. Laprugne et la région du Montoncel. Abondant dans la vallée des bains au Mont-Dore.

S. rufipes Zett. — Prairies sèches et arides, pelouses. C. C.

S. petræus Bris. — Sur les herbes desséchées dans les lieux arides. R. Broût-Vernet (du Buyss.), les Ramillons près Moulins.

S. vagans Fieb. — Taillis, broussailles, lieux stériles. Moulins, forêt de Moladier, Broût-Vernet.

S. bicolor Charp. — Prairies, moissons. Une des espèces les plus répandues.

S. biguttulus L. — Avec la précédente, aussi dans les clairières des bois. C. C.

S. pulvinatus Fisch. *declivus* Fisch. — Prés, broussailles, lisières des bois. C.

S. elegans Charp. — Prairies humides, bords des eaux. A.C. Aussi dans les marais de Cœur près Riom.

S. dorsatus Zett. — Prairies marécageuses, bois humides. C.

S. *longicornis* Latr. — Je n'ai pas encore rencontré cette espèce qui doit certainement exister sur les herbes des marécages et des prairies tourbeuses.

S. *parallelus* Zett. — Bois, prés. C. C.

Gomphocerus.

Les Gomphocerus sont des Stenobothrus chez lesquels les derniers articles des antennes sont renflés en massue. Ce caractère est surtout bien saillant chez les mâles.

On en rencontre deux espèces dans notre région :

Dernier article de la massue des antennes blanc. . . *rufus*.
Massue des antennes moins dilatée à dernier article concolore . . . . *maculatus*.

G. *rufus* L. — Dans les jeunes taillis, les clairières des futaies, les routes herbées des bois. De juillet à fin octobre. A. C.

G. *maculatus* Th. — Plus petite et plus précoce que la précédente espèce, habite comme elle les prairies sèches et les clairières des bois. La massue antennaire est peu développée chez les femelles. A. C.

Famille V. LOCUSTIDES

Les Locustides sont généralement d'un vert brillant, mais non métallique. Leurs antennes grêles et sétacées sont plus longues que le corps et tous leurs tarses ont quatre articles. Les femelles sont munies à l'extrémité de leur abdomen d'un oviscapte ou tarière en forme de lame plus ou moins recourbée, plus ou moins large et longue et qui prend un grand développement chez quelques espèces. Tous sont remarquables par la longueur de leurs pattes postérieures, conformation qui indique des insectes éminemment sauteurs. Ils sont moins favorisés sous le rapport du vol ; plusieurs n'ont que des rudiments d'ailes et d'élytres et ceux qui ont des ailes bien organisées ne s'en servent guère que pour aider à leur saut et en prolonger l'étendue. Les femelles pondent des œufs allongés et aplatis qu'elles introduisent dans les tiges sèches, sous les écorces ou dans le sol. Ils éclosent dès le mois de juin et on rencontre les insectes parfaits depuis la fin de ce mois jusqu'en octobre. Ils sont carnassiers, mais se nourrissent aussi de végétaux, des feuilles et des anthères des graminées.

Les Locustides sont de grands musiciens. Les mâles, même ceux qui ont des élytres rudimentaires, font entendre continuellement leur stridulation pendant toute la durée de leur existence lorsque le temps est chaud et beau. Le mécanisme à l'aide duquel ils émettent leur chant est tout différent de celui des Acridides. Ils le produisent par le frottement l'un sur l'autre du bord sutural de leurs élytres muni d'un organe spécial, et leurs pattes n'y prennent aucune part.

Les Locustides de notre région se répartissent dans les genres suivants :

1. — Deux premiers articles des tarses arrondis latéralement. Vertex étroit. **9**
   Deux premiers articles des tarses sillonnés latéralement **2**
2. — Trous auditifs des tibias pleinement ouverts. **Meconema.**
   Trous auditifs des tibias en fente. **3**
3. — Tibias postérieurs à épine apicale unique, les antérieurs armés en dessus d'une épine apicale. . . . . **Ephippiger.**
   Tibias postérieurs munis en dessous d'une épine apicale de chaque côté. **4**
4. — Tibias antérieurs arrondis latéralement. . . **5**
   Tibias antérieurs sillonnés. **6**
5. — Fémurs postérieurs inermes en dessous . . **Xiphidium.**
   Fémurs postérieurs armés en dessous. . . . **Conocephalus.**
6. — Premier article des tarses postérieurs à plantules libres en dessous **7**
   Premier article des tarses postérieurs sans plantules libres en dessous . . . . **Locusta.**
7. — Tibias antérieurs à 3 épines en dessus. . . . **8**
   Tibias antérieurs à 4 épines en dessus. . . . **Decticus.**
8. — Elytres et ailes rudimentaires. . . . . **Thamnotrizon.**
   Elytres et ailes bien développées ou seulement abrégées. . . . . **Platycleis.**

9. — Hanches antérieures inermes. . . . . **Leptophyes.**
Hanches antérieures munies d'une épine. . **10**
10. — Tibias antérieurs inermes en dessus. . . . . **Phaneroptera.**
Tibias antérieurs épineux. . . . . **Tylopsis.**

Leptophyes Fieb.

punctatissima Bosc. — N'a que des rudiments d'ailes et d'élytres La femelle porte une tarière courte et large régulièrement courbée en croissant à son bord inférieur. Sur les arbustes, les grandes herbes dans les bois humides et aux bords des ruisseaux. A. C. Moulins, Chemilly, bords de l'Allier, forêt de Moladier.

Cette espèce, comme certains Acridides, est attaquée par un cryptogame de la famille des Entomophthorées.

Phaneroptera Serv.

falcata Scop. — Mince et allongé, vert tendre mêlé de roux sur le pronotum ; tarière des femelles large, très courte, courbée à angle droit. Taillis, moissons, prairies, vignes. Moulins, Chemilly, Saint-Pourçain, Broût-Vernet.

Meconema Serv.

varia Fabr. — Vert pâle avec une bande longitudinale noire sur le pronotum. Tarière des femelles de la longueur de l'abdomen, légèrement recourbée et acuminée. Sur différents arbres sous les écorces desquels la femelle dépose ses œufs. R. Broût-Vernet. Saint-Didier, sur les chênes et les châtaigniers (du Buyss.); Moulins sur les tilleuls des promenades, d'où le vent les fait tomber, et on les trouve alors grimpant sur les murs des maisons voisines (Grandjean).

Xiphidium Serv.

fuscum Fabr. — Vert pâle avec le pronotum orné d'une bande dorsale brune bordée de chaque côté par des lignes blanches. Tarière des femelles longue, mince, très aiguë. Prairies, sur les *Carex*, taillis humides. C. Se trouve aussi communément en Auvergne, dans la Limagne et aux bords de l'Allier.

On pourra trouver dans les prairies marécageuses, les tourbières le *Xiphidium dorsale* Latr., reconnaissable à ses ailes et élytres plus courtes que l'abdomen.

Conocephalus Thunb.

mandibularis Charp. — Couleur variant du brun rougeâtre au vert clair ; facilement reconnaissable à ses mandibules d'un rouge orangé. Tarière des femelles droite, pointue, un peu dilatée après le milieu. Bords des eaux, marécages. R. Dans les roseaux du bord de la Sioule près Bayet (du Buyss.) ; Moulins, à l'embouchure de la Queugne (Lassimonne).

Locusta D. G.

viridissima L. Vulg. *Sauterelle verte, Cigale.* — D'un beau vert avec quelques taches brunes ou ferrugineuses en dessus. Vole très bien. Tarière des femelles longue et en forme d'épée. Se nourrit d'herbes et aussi d'insectes qu'elle déchiquette à l'aide de ses fortes mandibules. De fin juin à septembre. Prairies, moissons. C. C. Chante parfois sans interruption pendant toute la nuit.

Thamnotrizon Fisch.

cinereus L. — Ailes rudimentaires, cendrées, tachées de noir. Tarière des femelles bien courbée. Sur les herbes dans les taillis clairs. Septembre-octobre. R. Forêt de Marcenat (du Buyss.).

Platycleis Fieb.

Elytres ornées sur leur disque de taches rhomboïdales noires ; tarière des femelles pas plus longue que le pronotum. . . . . *tessellata*.

Elytres grises n'ayant que des bandes pâles, confuses et irrégulièrement disposées ; tarière des femelles près de deux fois aussi longue que le pronotum. . . . . . *grisea*.

P. tessellata Charp. — Prairies sèches, moissons dans les endroits arides. A. C.

P. grisea Fabr. — Plus grand que le précédent. Bruyères, landes, friches, prairies sèches. C. C.

Le *P. Rœselii* Hag., à ailes et élytres rudimentaires, pourra se rencontrer dans la partie montagneuse de notre département.

Decticus Serv.

verrucivorus L. —Vert taché de brun ; élytres à peine plus longues que l'abdomen ; pattes postérieures robustes et très longues ; tarière des femelles large, légèrement courbée de la base au sommet. Juillet-septembre. Prairies sèches, champs après la moisson où il saute lourdement. A. C. Je l'ai trouvé très abondant dans la vallée des bains au Mont-Dore. Il varie beaucoup de coloration : d'un vert uniforme plus ou moins foncé, ou maculé de taches brunes ou rougeâtres plus ou moins nombreuses, parfois entièrement teinté de rouge.

Ephippiger Latr.

vitium Serv.—Vert ferrugineux ou violacé. Ailes et élytres très courtes, boursouflées en forme de selle. Abdomen gros, long, glabre et nu. Tarière des femelles longue, pointue, recourbée en forme de sabre. Cet insecte bizarre, à l'allure lente, passe pour être nuisible aux vignes. Il est commun dans toute la région des vignobles et se rencontre aussi abondamment sur les genêts et autres arbustes des terrains secs. Se trouve également autour de Clermont.

Famille VI. GRYLLIDES

A l'exception de l'*Œcanthus* qui vit sur les plantes et a une existence tout aérienne, comme la généralité des autres Orthoptères, les Gryllides habitent des terriers qu'ils ont creusés pour leur usage. Ils ne s'en écartent guère et y rentrent dès qu'ils se croient menacés de quelque danger. Ils ont aussi des habitudes plus nocturnes que les autres Orthoptères et même les Courtilières passent toute la journée au fond de leurs galeries et n'en sortent jamais qu'à la tombée de la nuit. Les Gryllides volent très peu ; ce sont aussi de mauvais sauteurs ; en revanche leurs pattes minces et allongées leur permettent une course rapide. Les jambes antérieures de la courtilière, élargies et palmées à l'extrémité, constituent un parfait outil de fouissage dont elle se sert du reste d'une façon remarquable pour la confection de ses galeries souterraines. Les mâles possèdent la faculté d'émettre une stridulation aiguë en frottant l'une contre l'autre la base de leurs élytres ; mais ils cessent de se faire entendre dès qu'on les approche de trop près. Ils aiment la chaleur et placent toujours leurs terriers à une exposition méridionale et bien ensoleillée. Ils hivernent en assez grand nombre, soit à l'état parfait, soit à l'état de larve.

1. — Pattes antérieures élargies, fouisseuses. **4**
Pattes antérieures filiformes, non fouisseuses. . **2**
2. — Fémurs postérieurs très grêles . . . . **Œcanthus.**
Fémurs postérieurs renflés. **3**
3. — Épines des tibias postérieurs fixes. . . . . . . **Gryllus.**
Épines des tibias postérieurs mobiles. . . . . . **Nemobius.**
4. — Tibias postérieurs dilatés, courts, épineux en dessus. Très grande taille. . . . . **Gryllotalpa.**
Tibias postérieurs grêles, allongés, munis de lamelles en dessus. Très petite taille . . . . . **Tridactylus.**

Œcanthus Serv.

pellucens Scop. — Etroit, allongé, rétréci aux deux extrémités, d'un brun jaunâtre pâle. Sur les touffes de graminées dans les localités arides. Août-septembre. A. R. Broût-Vernet, Fourilles (du Buyss.) ; bords de l'Allier à Moulins, Chemilly.

Nemobius Serv.

sylvestris Fabr. — Châtain, plus pâle en dessous ; tête noire ; tout couvert de longs poils. Sur les feuilles mortes, la mousse. Cette espèce, très commune dans tous les bois pendant toute l'année, ne disparaît que pendant les fortes gelées.

Gryllus L.

1. — Tête entièrement noire. . . . . *campestris.*
Tête marquée de taches et lignes pâles. . 2
2. — Taille plus grande ; 16-20 millim. Ailes bien développées. Habite les maisons. *domesticus.*
Taille moins grande ; 11-14 millim. Ailes abrégées. Habite les champs, les prés. *burdigalensis.*

campestris L. Vulg. *Grillon, Grillet, Cricri.* — Dans les champs, les prairies, les landes, les clairières des bois, les sables des bords des rivières. C. C. Se creuse un terrier où il vit isolément, dont il ne s'écarte guère et où il se réfugie à la moindre apparence de danger.

domesticus L. — Ne se rencontre que dans les maisons. Parfois très commun dans les boulangeries, les magasins, les cuisines, les endroits chauds des habitations où il fait entendre son chant pendant les nuits, même en hiver. Espèce introduite, originaire du nord de l'Afrique.

burdigalensis Latr. — Dans les champs et les prairies sèches. R. R. Bords de la Sioule près Broût-Vernet (du Buyss.).

J'ai capturé dans les prairies de la base du Montoncel un unique exemplaire d'un *Gryllus* ayant la forme générale du *campestris*, mais qui s'en éloigne par la nervation des élytres analogue à celle du *bimaculatus* D. G. Je n'ose le rapporter à cette dernière espèce qui n'est signalée en France que de l'extrême midi. Il s'éloigne du *desertus* Pall. par une ligne jaune à la base des élytres et la couleur d'un roux brun du dessous des fémurs postérieurs.

Gryllotalpa Latr.

vulgaris Latr. Vulg. *Taupe-grillon, Darbon, Courtilière.* — Dans les jardins, les champs, les prairies. C. C. Fait de grands dégâts dans les jardins maraîchers en coupant les racines des jeunes légumes. Nocturne, cet insecte passe la journée au fond de ses galeries et en sort au coucher du soleil. Pendant les belles soirées des mois de juin et juillet, le mâle, placé à proximité de son terrier, fait entendre sans interruption pendant plusieurs heures une stridulation crépitante qui a quelque analogie avec les cris que pousse à la même heure l'engoulevent. Les courtilières hivernent, soit à l'état de larve, soit à l'état parfait, de sorte qu'on les rencontre à peu près toute l'année. Un moyen assez pratique de les détruire consiste à suivre avec le doigt l'intérieur de leur galerie jusqu'au point où cette galerie s'enfonce verticalement. On y verse alors de l'eau additionnée d'un peu d'huile ou de pétrole qui pénètre jusqu'au nid de la courtilière et celle-ci ne tarde pas à remonter à la surface où elle meurt asphyxiée.

Les fourmilières servent d'habitation à un petit orthoptère très rare, aptère et à fémurs fortement dilatés, le *Myrmecophila acervorum* Panz. Comme il est signalé aux environs de Paris, il peut très bien exister dans notre département où le tamisage attentif des fourmilières pourra le faire découvrir.

Le *Tridactylus variegatus* Latr., autre orthoptère bizarre, également de très petite taille, se tient sur le bord des eaux, dans les endroits sablonneux où il creuse de profondes galeries. Il remonte jusqu'à Lyon où on le trouve sur les bords du Rhône, dans l'intérieur même de la ville. Il peut exister dans des conditions analogues sur les rives sablonneuses de l'Allier et de la Loire et j'ai dû le mentionner pour le signaler aux recherches.

Les auteurs modernes comprennent dans l'ordre des Orthoptères tous les insectes à métamorphoses incomplètes et dont l'état nymphal est actif.

Cet ordre se trouve ainsi divisé en trois sous-ordres : Thysanoures, Orthoptères proprement dits et Orthoptères pseudo-Névroptères qui renferment des insectes très dissemblables et très hétérogènes, n'ayant pour caractère commun que l'absence d'état nymphal léthargique. Nous n'avons pas cru devoir accepter cette réunion que nous considérons, avec M. Finot, comme tout à fait artificielle et provisoire et, dans le travail qui précède, nous ne nous sommes occupés que des Orthoptères proprement dits.

Les Thysanoures sont de petits insectes aptères, à corps velu ou couvert d'écailles, qui vivent dans les endroits humides sous les mousses, les pierres, les détritus végétaux ; on en trouve en hiver un grand nombre sur la neige.

Les pseudo-Névroptères ont tous des ailes à nervation compliquée et ne se pliant généralement pas. Ils renferment presque tous les insectes de l'ancien ordre des Névroptères, les Thrips, Termites, Ephémères, Libellules dont les rapports avec les vrais Orthoptères sont trop éloignés pour qu'ils puissent être scientifiquement admis dans le même ordre.

TABLE ALPHABÉTIQUE
DES GENRES

Moulins. — Imprimerie Etienne AUCLAIRE.

FAUNE
DE L'ALLIER

OU

CATALOGUE RAISONNÉ DES ANIMAUX SAUVAGES

Observés jusqu'à ce jour dans ce département

PAR

Ernest OLIVIER

Membre des Sociétés d'agriculture et d'émulation de l'Allier,
des Sociétés entomologiques de France, de Belgique, de Londres,
membre correspondant de l'Académie d'Hippone, etc.

VOLUME II — ANNELÉS

PREMIÈRE PARTIE — **Coléoptères**

MOULINS,
IMPRIMERIE A. DUCROUX ET GOURJON-DULAC.
1890

(Extrait de la *Revue scientifique du Bour*
et du Centre de la France).

48

FAUNE
DE L'ALLIER

OU

CATALOGUE RAISONNÉ DES ANIMAUX SAUVAGES

Observés jusqu'à ce jour dans ce département

PAR

ERNEST OLIVIER

Directeur de la *Revue scientifique du Bourbonnais et du Centre de la France*,
Membre des Sociétés d'Agriculture et d'Émulation de l'Allier,
des Sociétés entomologiques de France, de Belgique, de Londres,
Membre correspondant de l'Académie d'Hippone, etc.

VOLUME II — ANNELÉS

DEUXIÈME PARTIE — **Orthoptères.**

MOULINS
IMPRIMERIE ETIENNE AUCLAIRE

1891

(Extrait de la *Revue scientifique du Bourbonnais et du Centre de la France* (Juin 1891.)

www.ingramcontent.com/pod-product-compliance
Lightning Source LLC
LaVergne TN
LVHW012022160826
845678LV00002B/972